Début d'une série de documents
en couleur

LA
GENÈSE DES ÉLÉMENTS

MÉMOIRE

LU LE 18 FÉVRIER 1887 A L'INSTITUTION ROYALE

PAR

William CROOKES F. R. S. V. P. C. S.

TRADUIT AVEC L'AUTORISATION DE L'AUTEUR

PAR

M. Gustave RICHARD,

Ingénieur civil des Mines.

PARIS,

GAUTHIER-VILLARS, IMPRIMEUR-LIBRAIRE

DU BUREAU DES LONGITUDES, DE L'ÉCOLE POLYTECHNIQUE,

SUCCESSEUR DE MALLET-BACHELIER,

Quai des Grands-Augustins, 55

1887

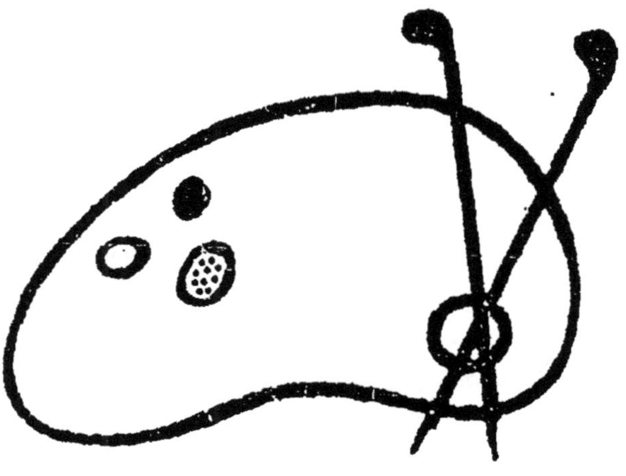

Fin d'une série de documents
en couleur

LA
GENÈSE DES ÉLÉMENTS

Paris. — Imp. Gauthier-Villars, 55, quai des Grands-Augustins.

LA
GENÈSE DES ÉLÉMENTS

MÉMOIRE

LU LE 18 FÉVRIER 1887 A L'INSTITUTION ROYALE

PAR

William CROOKES F. R. S. V. P. C. S.

TRADUIT AVEC L'AUTORISATION DE L'AUTEUR

PAR

M. Gustave RICHARD,

Ingénieur civil des Mines,

PARIS,

GAUTHIER-VILLARS, IMPRIMEUR-LIBRAIRE

DU BUREAU DES LONGITUDES, DE L'ÉCOLE POLYTECHNIQUE,

SUCCESSEUR DE MALLET-BACHELIER,

Quai des Grands-Augustins, 55

1887

LA
GENÈSE DES ÉLÉMENTS

J'ai, par les termes mêmes choisis pour désigner le sujet que j'ai l'honneur de traiter devant vous, soulevé une question qui pourrait être considérée comme hérétique. En effet, à l'époque où notre conception moderne de la Chimie commença à s'imposer au monde savant, la plupart des chimistes admettaient les éléments comme des faits ultimes. Ils considéraient ces éléments comme absolument simples, non susceptibles de transmutation ou de décomposition et constituant chacun une sorte de barrière derrière laquelle on ne pouvait pénétrer. Lorsqu'on les serrait de près, ils répondaient que les éléments existaient par eux-mêmes de toute éternité, et qu'ils avaient été individuellement créés dans l'état même où nous les trouvons aujourd'hui; ils pouvaient enfin arguer que l'origine des éléments ne nous concernait en rien et constituait une question inaccessible à la Science.

Mais nous ne pouvons, à notre époque d'examen incessant, nous empêcher de nous demander ce

1

que sont ces éléments, d'où ils viennent, quelle
est leur signification? Nous ne pouvons nier, qu'à
moins de trouver une réponse approximative à
cette question, notre Chimie ne soit, après tout,
complètement insuffisante. Ces éléments nous ren-
dent perplexes dans nos recherches, se jouent de
nos spéculations et nous hantent jusque dans nos
rêves; ils s'étendent devant nous comme une mer
inconnue, railleuse et décevante, dont le murmure
semble nous révéler plus d'un étrange Peut-être.

Lorsque je me hasarde à dire que nos éléments
ordinairement acceptés comme tels ne sont *pas*
simples et primordiaux, qu'ils ne sont *pas* sortis
du hasard ou n'ont *pas* été créés sans suite et mé-
caniquement, mais qu'ils ont évolué venant de
matériaux plus simples, ou, peut-être, d'une seule
espèce de matière, je ne fais que formuler une idée
qui est, pour ainsi dire, depuis quelque temps
« dans l'air » de la Science. Des chimistes, des
physiciens, des philosophes du plus grand mérite
proclament explicitement leur croyance que les 70
éléments de nos traités de Chimie ne sont pas des
colonnes d'Hercule que nous devions désespérer
de jamais franchir.

Si le temps le permettait, je pourrais citer des
extraits de Dalton, du Professeur Faraday, du
Dr Gladstone, de feu Sir Benjamin Brodie, du Professeur Graham, du Dr Mills, du Professeur Stokes,
de M. Norman Lockyer, tous dans le même sens,

tous démontrant que, dans le cours de leurs recherches, ces serviteurs de la Science ont été
conduits à penser que ces mêmes éléments ne
constituent pas l'issue finale, le principe et la fin
de toute la Chimie.

La loi de Prout et, plus encore, la loi périodique
de Newlands, plus générale et mieux établie, déve-
loppée depuis par Mendeleeff, Meyer et Carnelly,
semblent prévoir l'existence d'une relation géné-
tique entre les éléments.

Les philosophes modernes et les anciens, qui
n'étaient certainement pas des hommes de laboratoire, sont arrivés à la même conclusion par une
autre voie. C'est ainsi que M. Herbert Spencer
exprime sa conviction que « les atomes chimiques
» proviennent des atomes véritables ou physiques
» par un procédé d'évolution, dans des conditions
» que la Chimie n'a pas encore pu reproduire. »

D'autre part, le poète a devancé le philosophe.
Milton, dans son *Paradis perdu*, fait dire par
l'archange Raphaël à Adam, avec un instinct de
l'idée d'évolution, que le Tout-Puissant a créé

une matière primitive
Douée de formes variées, de degrés variés
De la substance (1).

---

(1) « ... One first matter all,
Indued with various forms, various degrees
Of substance. »

Si nous pouvions expliquer la génération de ces prétendus éléments chimiques, nous comblerions un vide formidable dans notre connaissance de l'univers. Nous possédons toute une accumulation de preuves tendant à démontrer que les corps célestes aussi bien que les organismes vivants ont été formés par évolution, et nous cherchons maintenant à étendre cette loi à ces prétendus éléments dont les premiers principes constituent les étoiles comme les organismes.

Lorsqu'on étudie la distribution des éléments chimiques, on distingue deux espèces bien distinctes. D'un côté, nous trouvons des corps groupés en proportions définies avec d'autres corps, dont ils diffèrent excessivement, et auxquels ils sont alliés par une affinité plus ou moins puissante. Pour obtenir l'un de ces corps à l'état séparé, il faut, comme le savent tous les chimistes, vaincre cette affinité. Les exemples de ces associations sont trop connus et trop abondants pour exiger une mention. Dans ces cas, chacun des corps associés possède des propriétés nettement définies; mais l'un a presque toujours un poids atomique très différent de celui de l'autre.

De l'autre côté, nous trouvons des corps associés à d'autres plus ou moins alliés entre eux; ils ne sont pas reliés par une affinité déterminée ni combinés en proportions définies, et leurs poids atomiques sont souvent presque identiques. Si l'on veut obtenir un ou plusieurs de ces corps à l'état séparé, la difficulté n'est pas dans la puissance des affinités à surmonter, mais dans ce fait que le réactif employé, quel qu'il soit, agit sur l'une des substances presque de la même manière que sur l'autre; d'où il résulte qu'il est extrêmement difficile d'obtenir l'un de ces corps à l'état entièrement séparé ou pur. En réalité, nous nous trouvons parfois dans l'impossibilité de décider si nous avons devant nous un corps réellement simple ou un mélange de corps de propriétés presque identiques.

L'exemple le plus frappant d'une telle association est celui des métaux tirés des *terres rares*. Ces corps ne forment qu'une partie insignifiante de la croûte terrestre; on les rencontre principalement groupés ensemble dans quelques minerais rares, tels que la samarskite et la gadolinite, que l'on n'a jusqu'ici trouvés que rarement dans quelques localités peu nombreuses. Ces terres constituent un groupe à part; chimiquement, elles se ressemblent tellement qu'il faut une habileté extrême pour parvenir à les séparer même partiellement, et leur histoire est si obscure que nous n'en connaissons pas encore le nombre.

Il n'est pas nécessaire d'expliquer ici en détail les méthodes de fractionnement chimique employées pour la séparation des terres rares, qui n'intéresseraient que les chimistes spécialistes;

elles ont été d'ailleurs décrites tout au long dans un Mémoire que j'ai lu devant l'Association Britannique, à Birmingham.

En résumé, l'opération consiste essentiellement à déterminer une réaction chimique dans laquelle les éléments soumis à l'analyse auront le plus de chance de se différencier même de très peu, et à effectuer ce traitement incomplètement, de façon à ne séparer qu'une partie des bases en présence, l'objet de la méthode étant d'obtenir une partie de la matière à l'état insoluble et l'autre partie à l'état soluble.

Supposons que nous ayons en dissolution deux terres de propriétés presque identiques mais ne différant que très peu, presque imperceptiblement, en basicité. Ajoutons à la dissolution de ces terres, qui doit être très diluée, une dissolution étendue d'ammoniaque juste suffisante pour ne précipiter que la moitié des bases présentes. La dissolution doit être tellement diluée qu'il faille un temps considérable avant que le liquide ne commence à se troubler, et plusieurs heures pour que l'action de l'ammoniaque soit complète. On filtre alors le liquide, ce qui nous donne les terres divisées en deux parties qui ne sont plus identiques dans leur composition. Il est facile de voir que les puissances basiques des deux portions de terres présentent maintenant quelques différences, la partie en dissolution étant, bien que d'une quantité à peine perceptible, plus basique que la partie précipitée par l'ammoniaque; on accumule ensuite systématiquement ces petites différences jusqu'à les rendre

Fig. 1.

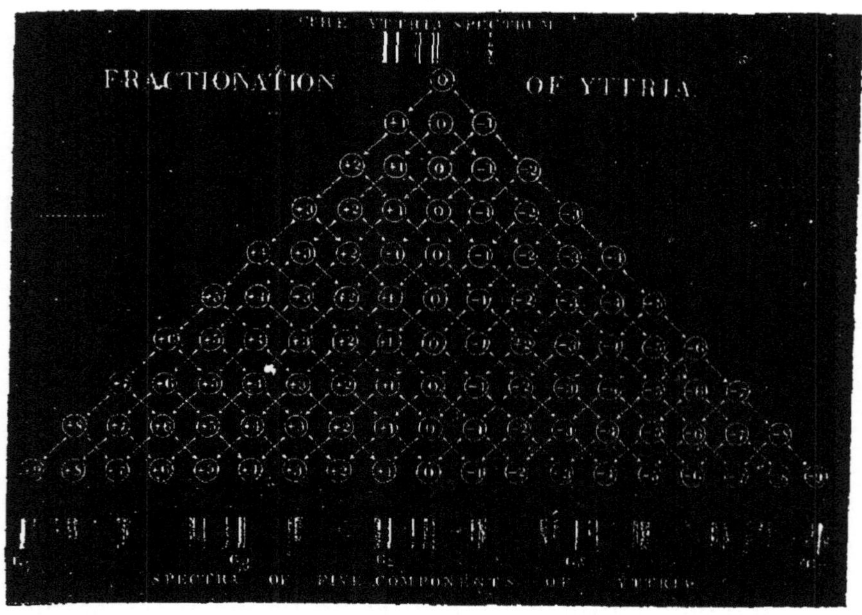

Fractionnement de l'yttria. — Spectre de l'yttria. — Spectre des cinq composés de l'yttria.

perceptibles aux épreuves physiques ou chimiques.

Le diagramme ci-dessus (*fig.* 1) représente la méthode du fractionnement de l'yttria. Partant du zéro, sommet du triangle, tous les précipités passent à gauche et les matières filtrées à droite. Chaque cercle représente un ballon renfermant la dissolution en traitement, et les deux flèches de chaque cercle indiquent les trajets parcourus respectivement par le précipité et par le liquide filtré.

Telle est l'esquisse générale du procédé ; mais, comme nous l'avons dit, les méthodes de séparation varient avec les différents groupes de terres. Lorsqu'il s'agit des constituants de l'yttrium et du samarium, on ne peut guère employer qu'un fractionnement direct prolongé pendant des mois et des années.

La question de savoir si une terre ainsi séparée est réellement simple ou encore un mélange doit être tranchée ensuite par une autre expérience effectuée dans un vide aussi raréfié que possible. Pour comprendre ce procédé, il faut nous livrer à une digression en apparence étrangère à notre sujet.

Il semble peut-être singulier de parler de faire le vide dans des tubes ou dans des fioles jusqu'à n'y plus laisser que de l'air à une pression de un millionième d'atmosphère. C'est depuis les temps modernes seulement que l'air atmosphérique est considéré comme une matière. Jusqu'à ce jour, on disait qu'un vase était vide quand il ne renfermait ni solide ni liquide, sans tenir aucun compte de l'air qui le remplit. Dans cet ordre d'idées, à quel degré de vide doit se trouver un tube dont la quantité d'air qu'il contient a été réduite au millionième de sa valeur primitive ? Le fait qu'il y reste encore quelque chose est cependant démontré, puisque j'ai réussi à abaisser la pression jusqu'à un cinquante millionième d'atmosphère. On saisira mieux la signification de ce chiffre en disant qu'il correspondrait, pour une colonne barométrique de 132^{km} de haut, à une charge de $0^m,002$ environ. D'ailleurs cet épuisement si raréfié ne représente aucunement le vide absolu. J'ai réalisé dans ce tube peut-être le vide le plus parfait que l'on ait pu produire. Sa capacité est de 5^{cc}; il a été épuisé, jusqu'à la pression d'un cinquante millionième d'atmosphère, et il renferme encore cent trillions (100 000 000 000 000) de molécules; cet espace est donc loin, bien loin, d'être absolument vide de matière.

Le vide qui convient le mieux pour les expériences sur ces terres est d'environ un millionième d'atmosphère. Dans ce vide, certaines substances deviennent phosphorescentes sous l'action de l'étincelle d'induction et se comportent tout différemment que dans un vide moins parfait ou à la pression atmosphérique. L'examen des spectres des terres soumises à ce traitement fournit ce que j'ai appelé une manifestation de la matière radiante.

L'étude des spectres phosphorescents des terres de la série de l'yttrium dans des vides très raréfiés démontre qu'ils subissent au bout d'un certain temps des modifications dans l'intensité relative de certaines de leurs raies; à la fin, les différentes parties de l'yttria fractionnée donnent les spectres reproduits au bas du diagramme, et la samaria paraît aussi susceptible de se décomposer aussi en deux ou peut-être trois constituants.

Ces corps ne sont pas, il faut se le rappeler, des impuretés que l'on peut écarter en isolant, après leur élimination, l'yttrium et le samarium à l'état de pureté; au contraire, la molécule que nous connaissions auparavant sous le nom d'yttrium a subi un véritable clivage en deux ou peut-être trois constituants (¹).

Je n'ai pas encore définitivement baptisé ces constituants; je les ai provisoirement étiquetés, comme l'indique le tableau ci-contre pour faciliter la discussion.

Je vais maintenant esquisser les caractères les plus saillants des terres rares à l'état de matière radiante. Quelques-unes ne sont aucunement altérées et sont, en conséquence, classées dans un groupe à part. D'autres possèdent la curieuse propriété d'empêcher le passage de l'étincelle d'induction et de simuler ainsi un vide non conducteur dans un espace en réalité abondamment rempli de gaz non épuisés.

La terre très rare du thorium possède au plus

(¹) *Sur le Samarium. Voir* Dictionnaire de Wurtz, Supp. p. 1414.

haut degré la propriété obstructive. J'ai devant moi un tube à deux paires de pôles scellées, une à chaque bout, de mêmes dimensions, écartées de la

TABLEAU I.

POSITIONS des raies dans le spectre	ÉCHELLE micrométrique du Spectroscope	LONGUEUR d'onde moyenne de la raie ou de la bande λ	$\dfrac{1}{\lambda^2}$	DÉSIGNATION provisoire Symbole	NATURE probable
Lignes brillantes dans le violet.......	8.515	456	4809	Sγ	Corps nouveau ou ytterbium.
bleu foncé...	8.931	482	4304	Gα	Nouveau.
bleuâtre	9.650	545	3367	Gβ	Nouveau ou le Zβ de M. de Boisbaudran.
vert........	9.812	564	3144	Gγ	Nouveau.
citron	9.890	574	3035	Gδ	Nouveau ou le Zα de M. de Boisbaudran.
jaune.......	10.050	597	2806	Gε	Nouveau.
orangé......	10.129	609	2693	Sδ	Nouveau.
rouge.......	10.185	619	2611	Gζ	Nouveau.
rouge foncé.	10.338	647	2389	Gη	Nouveau.

même quantité; à l'une des extrémités du tube se trouve du sulfate de thorium, à l'autre du sulfate d'yttrium. Je fais maintenant le vide au moyen d'une pompe de Sprengel. J'attache les fils d'une bobine d'induction aux pôles du thorium, et, comme vous le voyez, le courant ne passe pas; plutôt que de traverser le tube, l'étincelle préfère franchir l'écartement des électrodes dans l'air — une distance de $0^m,037$ — ce qui accuse une force électromotrice de 34040 volts. Maintenant, sans altérer aucunement le degré du vide, je transporte les fils de la bobine d'induction des électrodes du thorium à celles de l'yttrium, et l'étincelle passe aussitôt. Pour équilibrer l'étincelle dans l'air, je dois rapprocher les fils jusqu'à $0^m,007$, ce qui correspond à une force électromotrice de 6440 volts seulement, de sorte que la substitution du thorium à l'yttrium augmente de 27600 volts l'imperméabilité électrique du tube. L'explication de cette action singulière du thorium n'est pas encore tout à fait claire, mais la grande différence de la phosphorescence de ces deux terres démontre que le passage de l'électricité à travers ces tubes ne dépend pas autant du degré du vide que des propriétés phosphorogéniques du corps interpolaire.

D'autres terres deviennent très phosphorescentes, mais leurs capacités de phosphorescence rémanente diffèrent considérablement de l'une à l'autre; cette propriété est, comme nous le verrons, très importante. J'ai imaginé pour l'étude de cette persistance de la luminosité un appareil analogue au phosphoroscope de Becquerel, mais agissant électriquement et non par la lumière directe. Il consiste en un disque opaque de $0^m,76$ de diamètre percé de six ouvertures près de son bord; à chaque tour d'une rotation très rapide, un objet placé derrière l'une de ces ouvertures se trouve mis en vue et caché six fois. L'axe du disque porte un commutateur relié à une pile dont il rompt et rétablit alternativement le circuit, et ce courant primaire est relié à une bobine d'induction dont le courant secondaire traverse le tube à vide qui contient la terre soumise à l'étude. Lorsqu'on examine ainsi un corps phosphorescent, comme l'yttria, on n'aperçoit aucune lumière en regardant le disque de face et en le faisant tourner lentement, parce que le courant ne commence pas avant l'obstruction du tube par un segment opaque et finit avant que la terre apparaisse; mais, lorsque la roue tourne vite, la phosphorescence rémanante dure assez longtemps pour franchir le petit intervalle qui s'écoule entre la fin de l'étincelle et l'entrée du corps phosphorescent dans le champ visuel, de sorte que la terre apparaît avec un faible éclat qui augmente avec la vitesse de la roue.

Plaçons d'abord dans le phosphoroscope une terre phosphorescente, la glucine; sa phosphorescence est d'un bleu vif mais si courte que l'on ne distingue, même aux grandes vitesses, aucune lumière. Comme contraste, je place maintenant dans l'appareil une terre à base de strontium qui brille aussi d'une riche couleur bleue, donnant dans le spectroscope un spectre continu avec une grande concentration de lumière dans le bleu et dans le violet; dans le phosphoroscope, la lueur est d'un vert clair, donnant un spectre continu avec les extrémités rouge et bleue enlevées.

L'alumine brille dans le tube à matière radiante d'une riche lumière cramoisie; plaçons dans le phosphoroscope quelques rubis, alumine cristallisée. Ici, la persistance de la luminosité est telle qu'elle est visible aux plus petites vitesses, et, qu'aux grandes vitesses, la phosphorescence rémanante brille presque autant que quand les rubis sont exposés en dehors de l'appareil. Si Shakspeare, que l'on suppose avoir connu toutes les Sciences, avait vu ces rubis, il n'aurait pas pu les décrire avec plus de précision que dans ces vers de son *Jules César :*

> ..... Avec leurs éclats innombrables,
> Ils sont tout feu, et chacun d'eux scintille (¹).

Un autre phénomène caractéristique consiste en ce que les terres de l'un des groupes, yttrium et samarium, donnent des spectres discontinus quand on les soumet dans le vide à l'étincelle d'induction.

Ces spectres sont extrêmement compliqués et

(¹) « ..... Whit unnumbered sparks
They are all fire, and every one doth shine.

varient dans leurs détails d'une manière capricieuse. Pendant bien des années, j'ai persévéré dans ma tentative presque désespérée, dans la recherche de la signification réelle de ces systèmes de bandes et de raies; je ne pouvais me dérober à la conviction que j'avais sous les yeux une série d'inscriptions autographiques du monde moléculaire, évidemment du plus haut intérêt, mais écrites en une langue étrange et confuse; toutes mes tentatives pour déchiffrer ces signes mystérieux restèrent longtemps infructueuses.

Il fallait tout d'abord établir la signification des raies symboliques fortement accentuées. Après de persévérants efforts, je dus me contenter de désigner en bloc l'un des groupes de symboles colorés sous le nom d' « yttrium » et l'autre comme appartenant au « samarium », sans tenir compte des raies plus faibles, des ombres et des stries souvent communes aux deux groupes. Une pratique constante de ce déchiffrement m'a maintenant procuré une connaissance plus approfondie de ce que j'appellerai la grammaire de ces inscriptions hiéroglyphiques. Chaque raie et chaque ombre de raie, chaque aile vaguement attachée à une forte bande, chaque variation de l'intensité des ombres et des stries a maintenant une signification que l'on peut traduire dans les termes du symbolisme ordinaire de la Chimie.

Ceci nous amène à ce que j'appellerai l'histoire

de l'yttrium. Depuis un an déjà, le mot yttrium avait, pour tous les chimistes, une signification précise. On supposait que c'était un corps simple

Fig. 2, 3 et 4.

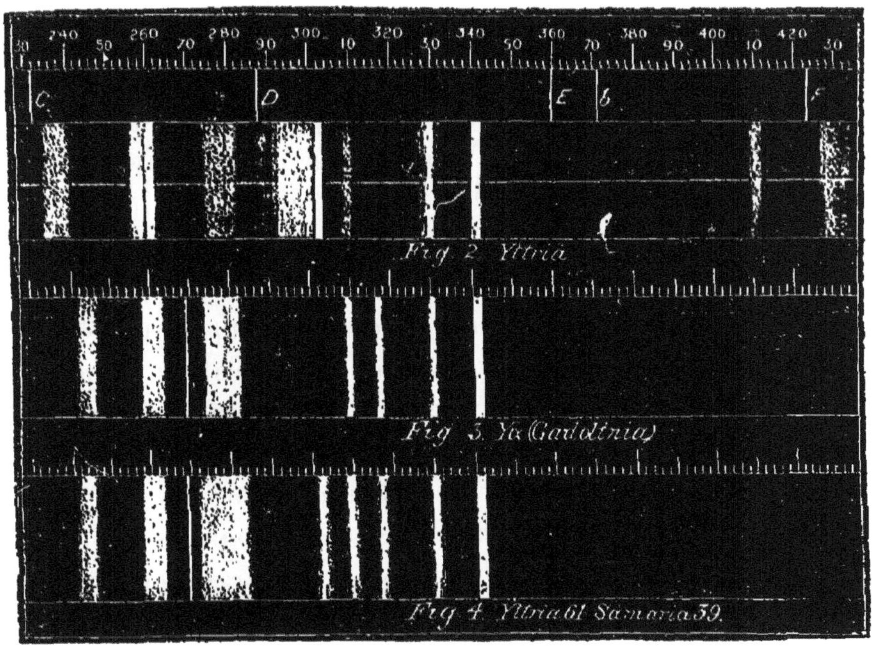

Spectres de l'yttria, de la gadolinia et de la samaria.

ou élémentaire du poids atomique 88.9 et ses principales propriétés étaient parfaitement définies. Son spectre phosphorescent présentait un système défini de bandes colorées représentées par la *fig.* 2 ci-dessus, composé d'une bande rouge vif, d'une bande rouge, d'une bande citron très lumineuse, d'une

couple de bandes verdâtres et d'une bande bleue.
Ces bandes varient, il est vrai, un peu comme
netteté et comme intensités relatives suivant les
échantillons d'yttria que j'ai étudiés, sans pourtant
modifier le caractère général du spectre que je con-
sidérais habituellement comme caractéristique de
l'yttrium. Toutes les bandes apparaissaient quand
l'yttria était présente en masse, tandis que la plus
forte seulement, la bande jaune citron, était
visible lorsque l'on n'avait affaire qu'à des traces, à
des millionièmes. Mais j'étais convaincu que l'ensemble des bandes caractérisait bien l'yttrium,
et l'yttrium seul.

On sait que les chimistes considèrent, avant toute
autre, comme une preuve de l'identité d'un élément
chimique, la propriété suivante : lorsqu'on rend la
vapeur d'un élément incandescente par l'étincelle
électrique, le système caractéristique des raies de
son spectre est considéré comme inaltérable et
comme une preuve certaine de la présence de cet
élément. Lors même que tous les moyens chimiques
seraient impuissants à révéler la présence d'un
élément donné, les indications de ces raies au
spectroscope sont considérées comme infaillibles.
L'analyse spectrale juge en dernier ressort ; aucun
chimiste n'a encore eu l'audace d'en appeler de ses
décisions.

Projetons, comme exemple, sur l'écran le système très caractéristique de l'yttrium illuminé par

l'étincelle électrique, système de raies qui n'a, rappelons-nous, aucun rapport avec le spectre phosphorescent particulier à l'yttrium. Le diagramme coloré représente le spectre électrique de l'yttrium aussi exactement que possible ; vous y remarquerez, en négligeant les raies secondaires, deux forts groupes de raies dans le rouge et dans l'orangé. Ces raies ont toujours été considérées comme caractéristiques de l'yttrium ; leur présence démontrant celle de l'yttrium et leur absence son absence.

Je projette maintenant le spectre électrique de $G\delta$ aussi pur que j'ai pu le préparer. $G\delta$ est l'un des corps que j'ai séparé de l'yttrium par un long et pénible fractionnement ; il se présente à l'un des termes du fractionnement et se distingue de son congénère l'yttrium non seulement par son spectre phosphorescent, mais aussi par le procédé employé pour son isolement ; il doit aussi en différer par ses propriétés chimiques. Mais, que nous apprend son spectre ? Il nous dit qu'il n'y a absolument aucune différence entre ce spectre et celui de l'ancien yttrium.

Passons maintenant à l'autre extrémité du fractionnement de l'yttrium, où se concentre un corps $G\eta$, dont le spectre phosphorescent diffère totalement de celui de $G\delta$; il diffère aussi chimiquement de l'ancien yttrium, et plus encore de son congénère $G\delta$, situé à l'autre extrémité du fractionnement. Regardez son spectre électrique ! il est parfaitement identique à ceux de l'ancien yttrium et de Gδ, et, si j'étudie ces spectres dans mon laboratoire, avec les appareils de mesure les plus précis, l'ensemble des systèmes de leurs raies est toujours identique.

Que conclure de ces résultats ? peuvent-ils discréditer l'analyse spectrale ? Faut-il renverser l'édifice si laborieusement élevé sur ses indications? Aucunement : l'analyse spectrale et ses grandes généralisations sont aussi fermement établies que jamais.

Je vois deux explications possibles des faits que je viens d'exposer. D'après l'une de ces hypothèses, ces recherches ont un peu agrandi le champ qui s'étend entre les indications de la Chimie ordinaire et les investigations plus délicates et profondes des prismes. Notre connaissance de l'élément chimique s'est étendue. Jusqu'à présent, on a considéré la molécule comme un agrégat de deux ou plusieurs atomes, sans tenir aucun compte du plan architectural suivant lequel ces atomes ont été assemblés. Nous pouvons considérer la structure d'un élément chimique comme plus compliquée qu'on ne le supposait. Entre les molécules que nous sommes habitués à manier dans les réactions chimiques et les derniers atomes primordiaux, se trouvent des molécules plus petites, ou agglomérations d'atomes physiques ; ces sous-molécules diffèrent les unes des autres selon les positions qu'elles occupent dans l'édifice de l'yttrium.

Peut-être pouvons-nous simplifier notre hypothèse en nous imaginant l'yttrium comme représentée par une pièce de cinq schellings. J'ai, par le fractionnement chimique, divisé cette pièce en cinq schellings séparés, et je trouve que ces schellings ne sont pas identiques, mais portent, comme les atomes de carbone dans la série du benzol, frappés sur leur face les numérotages 1, 2, 3, 4, 5, de leur position respective. Ce sont les analogues de mes $G\alpha$, $G\beta$, etc... Mais si j'emploie maintenant un agent beaucoup plus puissant et plus pénétrant, si je jette mes schellings dans un creuset et les dissous chimiquement, l'effigie de la monnaie disparaît, et il ne reste plus que de l'argent. De même, quand je soumets mon yttrium ou mes $G\alpha$, $G\beta$, etc. à la chaleur intense de l'étincelle électrique, les petites différences des arrangements moléculaires disparaissent, et les atomes dont les molécules $G\alpha$, $G\beta$, etc., de l'yttrium sont toutes composées révèlent leur présence dans des spectres identiques.

Une autre théorie se recommande naturellement au chimiste : celle qui admet que les neuf corps indiqués au tableau de la page 11 sont des éléments chimiques nouveaux, différant de l'yttrium et du samarium par leur puissance basique et par plusieurs autres propriétés chimiques et physiques,

mais pas assez pour nous permettre de les séparer
complètement. L'un de ces corps, $G\delta$, donne la
raie phosphorescente jaune-citron, et aussi le
spectre électrique brillant que je viens de vous
montrer. Les huit autres corps ne donnent pas de
spectres électriques qui puissent être reconnus en
présence d'une petite quantité de $G\delta$, tandis que
le spectre électrique de $G\delta$ est si vif qu'il brille
d'un éclat inaltérable, même pour des traces
extrêmement faibles de son métal. Dans le procédé
de fractionnement, $G\alpha$, $G\beta$, $G\delta$, etc. sont étendus
et plus ou moins séparés les uns des autres, mais
la séparation est au moins imparfaite, et il reste
toujours assez de $G\delta$ pour en révéler la présence
à l'épreuve si sensible du spectre électrique.

Les arguments en faveur de chacune de ces théories
sont puissants et se neutralisent presque complètement. L'explication tirée de la molécule composée
est une hypothèse féconde, qui peut, je crois,
rendre compte des faits sans recourir à l'obligation
héroïque de créer huit ou neuf éléments nouveaux
pour expliquer ces phénomènes; néanmoins, je ne
la présente que comme une hypothèse, et, si des
recherches plus prolongées me démontrent que la
théorie des nouveaux éléments est plus raisonnable,
je serai le premier à l'accepter ([1]).

([1]) Aucune de ces théories ne concorde avec celle de mon
ami, le savant distingué M. de Lecocq de Boisbaudran, qui a

Je vais maintenant vous présenter une substance qui a été pour moi ce que la célèbre pierre de Rosette fut pour les déchiffreurs des inscriptions égyptiennes ; je l'ai reçue de M. de Marignac, et ce n'était autre chose qu'un petit spécimen d'une nouvelle terre découverte par lui, qu'il désignait provisoirement par le symbole Y_x.

Cette terre donnait dans le tube radiant un spectre brillant représenté sur le diagramme (*fig.* 3).

Si l'on compare ce spectre à celui que l'on attribue à l'ancien yttrium (*fig.* 2), on trouve, qu'en

---

aussi étudié ces terres. Il considère que ce que j'appelle l'ancien yttrium est un véritable élément caractérisé par son spectre électrique, mais ne donnant pas de spectre phosphorescent dans le vide. Il considère les corps qui émettent des spectres phosphorescents comme des impuretés de l'yttrium, au nombre de deux, qu'il désigne provisoirement par les symboles Z_α et Z_β. M. de Boisbaudran a obtenu par une méthode à lui, différente de la mienne, des spectres fluorescents de ces corps ; mais leurs bandes fluorescentes sont extrèmement vagues et faibles, d'une identification difficile, quelques-unes tombent près des raies des spectres de mes G_β et G_δ. A première vue, il semblerait que ces bandes et mes spectres soient dus aux mêmes corps, mais, d'après M. de Boisbaudran, les propriétés chimiques des terres qui les émettent diffèrent considérablement. Celles qui émettent des raies phosphorescentes par ma méthode se présentent à l'extrémité yttrium du fractionnement, où l'on distingue à peine ses bandes fluorescentes, tandis que les phénomènes fluorescents se manifestent avec leur plus grande intensité à l'extrémité opposée du fractionnement, celle du terbium, où l'on ne peut distinguer aucune trace d'yttrium, même par l'étincelle directe, et où mes raies phosphorescentes font aussi presque entièrement défaut. .

négligeant les détails secondaires, le spectre de l'Y x est celui de l'yttrium avec la bande caractéristique jaune-citron en moins et les bandes vertes et orangées du samarium en plus. Examinons maintetant le diagramme de la *fig.* 4 qui représente le spectre d'un mélange de 61 parties d'yttrium pour 39 de samarium ; il est, jusque dans ses moindres détails, presque identique à celui de l'Yα, mais la bande jaune citron est aussi prédominante que les autres. On voit donc que le spectre de l'Yα est formé de celui du samarium avec addition de la bande bleuâtre de l'yttrium et de quelques autres bandes de l'yttrium. Ce spectre démontre, en outre, que la bande jaune citron, considérée jusqu'ici comme l'une des bandes essentielles de l'yttrium peut entièrement disparaître, pendant que d'autres bandes caractéristiques du groupe de l'yttrium, comme la double bande verte, persistent avec un éclat augmenté.

Si je pouvais maintenant retrancher de ce mélange le corps qui donne naissance à la bande jaune citron, j'isolerais l'Yα ; j'aurais, en fait, reconstitué l'Yα par ses éléments. Je ne doute aucunement que l'on n'y parvienne enfin ; mais le travail préliminaire du fractionnement est pénible au dernier degré et coûterait, pour être mené à bonne fin, un temps trop long pour la vie d'un homme.

D'autre part, si je n'ai pas encore pu séparer

chimiquement le corps de la bande jaune citron, je puis supprimer physiquement cette bande et vous montrer un spectre artificiel imitant au plus haut degré le spectre naturel de l'Yα.

Je puis, au moyen du phosphoroscope électrique, saisir le spectre d'une terre aussitôt après qu'elle a subi le bombardement moléculaire dans le vide. De cette manière, j'obtiens le spectre de la phosphorescence rémanante, et j'ai constaté que les constituants de ces terres n'émettent pas tous une phosphorescence rémanante de même durée.

Lorsque l'on ajoute un peu de strontium au mélange d'yttrium et de samarium, il supprime, dans le phosphoroscope, la phosphorescence rémanante de Gδ (la bande jaune citron), et accentue la phosphorescence de Gβ (la double bande verte,) de sorte que l'imitation du spectre de l'Yα est complète.

Je dois ici appeler l'attention sur les expériences du Professeur A. E. Nordenskiöld, publiées dans les *Comptes rendus de l'Académie des Sciences* du 2 novembre 1886. Les résultats obtenus par cet éminent savant, qui travaille dans la même direction que moi, corroborent d'une façon décisive mes expériences. Il a pris le mélange brut d'yttria, d'erbia, d'ytterbia, etc ., précipité des minéraux de ces terres qu'il appelle, pour abréger, la gadolinie; il trouve que cette gadolinie, bien qu'évidemment complexe, a toujours un poids atomique constant, quel que soit le minéral dont on l'ait extrait ; ou que, pour employer les termes mêmes du professeur Nordenskiöld, « l'oxyde de » gadolinium, bien qu'il ne soit pas l'oxyde d'un » corps simple, mais un mélange de trois oxydes » isomorphes » (même lorsqu'on le tire de minéraux trouvés dans des localités très éloignées les unes des autres) « possède un poids atomique » constant. » Comme le remarque avec raison le professeur Nordenskiöld, « nous sommes donc » en présence d'un fait entièrement nouveau en » Chimie. »

Pour la première fois, nous sommes mis en présence de ce fait que trois substances isomorphes, que les chimistes sont encore obligés de considérer comme des éléments, se présentent, dans la nature, non seulement toujours ensemble, mais dans les mêmes proportions. Il semble que les chimistes se trouvent ici en face d'un problème analogue à celui qui se présentait aux astronomes à l'origine de l'étude des petites planètes.

Ces faits jettent une lumière nouvelle sur certaines questions importantes de la Chimie, car l'ancien yttrium passait pour un élément, il avait un poids atomique défini, il se combinait à d'autres éléments et pouvait en être séparé de nouveau comme un tout. Mais nous constatons maintenant qu'un fractionnement excessif et systématique agit comme une sorte de démon trieur, répartissant les atomes de l'yttrium en groupes de spectres phosphorescents assurément différents et probablement de poids atomiques inégaux, bien que ces groupes se comportent tous de la même manière au point de vue chimique ordinaire. Voici donc un prétendu élément des atomes duquel le spectre n'émane pas également, mais dont quelques atomes fournissent certaines bandes et d'autres certaines autres bandes seulement de son spectre composé. Les atomes de cet élément diffèrent donc probablement en poids, et certainement par les mouvements intérieurs qu'ils subissent.

Sans doute, ce n'est pas là un cas isolé ; nous pouvons, au contraire, supposer que ce principe est d'une application générale à tous les éléments. Il est possible que, à considérer tous les éléments, leur spectre n'émane pas en entier de tous leurs atomes, mais que certains atomes particuliers émettent certaines raies particulières du spectre, et que tous ces spectres particuliers se retrouvent dans le spectre total tel que nous le voyons. On peut interpréter cette conception en disant qu'il existe des différences définies entre les mouvements internes des différents groupes qui constituent les atomes d'un élément chimique. Nous pouvons, par exemple, nous préparer maintenant à découvrir que les sept séries de bandes du spectre d'absorption de l'iode n'émanent pas toutes de chacune de ses molécules, mais que certaines molécules émettent certaines séries de bandes seulement, et que l'ensemble des sept séries contribue à composer la mêlée de ces molécules à laquelle nous donnons le nom de vapeur d'iode.

On peut encore tirer de ces faits une autre conséquence importante : que les atomes de l'yttrium, bien que différents, ne diffèrent pas entre eux d'une façon continue, mais *per saltum*. Nous en avons la preuve dans ce fait que les bandes caractéristiques de chaque groupe sont distinctes de celles des autres groupes, sans se fondre graduellement avec elles. Il faut donc s'attendre, dans l'état actuel de la Science, à ce qu'il en soit de même pour les autres éléments, et, sachant que les atomes d'un élément chimique diffèrent sous certains rapports, admettre qu'ils peuvent se distinguer aussi les uns des autres en d'autres points, et qu'ils diffèrent probablement en masse d'une certaine manière.

Revenons, après cette digression, à l'idée des atomes légers et lourds; nous voyons combien cette hypothèse concorde avec les nouveaux faits que nous venons d'exposer. Au point de vue chimique, le groupe moléculaire stable de l'yttrium se comporte comme un élément. Il faut, pour diviser l'yttrium, non seulement beaucoup de temps et de matière, mais un réactif capable de discerner les constituants de l'yttrium. Si nous possédions des réactifs aussi délicats pour les groupes moléculaires constitutifs du calcium, on pourrait aussi résoudre cet élément en groupes plus simples. Mais, s'il est difficile de trouver les moyens de séparer des corps que nous savons distincts et sujets à des réactions colorées ou spectrales qui nous guident à chaque pas, il est autrement délicat de séparer des corps de réactions chimiques et de poids atomiques presque identiques, surtout si nous ne soupçonnons pas que le corps examiné soit un mélange.

D'autre part, on dirait que les corps que nous sommes habitués à considérer comme simples et élémentaires peuvent se séparer en différentes directions, suivant la nature des moyens que nous faisons agir sur eux. Jusqu'à une époque toute récente, nos livres faisaient mention d'un élément sous le nom de didyme; on l'avait séparé avec quelque difficulté de ses compagnons, le lanthanum et le cérium; on en avait étudié les propriétés, et personne ne doutait de son caractère distinct et élémentaire. On le considérait, d'après une des définitions usuelles des éléments, « comme quelque chose » à laquelle on pouvait ajouter mais dont on ne » pouvait rien retrancher. » Qu'arriva-t-il? Le Dr Auer de Welsbach, en étudiant par des procédés nouveaux ce corps supposé simple, parvint à le décomposer en deux corps plus simples, le néodymium et le praséodymium, et d'autres recherches, dont j'ai ma part, ont démontré que ces corps mêmes ne sont pas les plus simples en lesquels on puisse décomposer le didyme.

Voyons maintenant en quoi tout cela intéresse la grande question de la genèse des éléments. N'avons-nous, chimistes, fait que découvrir quelques « éléments » nouveaux ou la complexité réelle d'un corps considéré jusqu'ici comme simple? Nous avons, je crois, fait une chose tout à fait différente. Si l'on découvre qu'un métal de poids atomique fixe est un composé ou un mélange, notre meilleur critérium pour reconnaître l'existence des éléments disparaît. Nous avons jusqu'à présent admis que, si le poids atomique d'un métal déterminé par plusieurs observateurs l'extrayant de composés différents se montrait constamment invariable, entre les limites, bien entendu, des erreurs d'observations, ce métal devait, à bon droit, prendre rang parmi les corps simples ou élémentaires. Nous apprenons, par le gadolinium de Nordenskiöld, qu'il n'en est plus ainsi. Nous nous trouvons encore une fois pris dans un engrenage. Le gadolinium n'est pas un élément, mais un composé ou plutôt encore un mélange d'yttrium, d'erbium et d'ytterbium, et nous avons vu que l'yttrium lui-même est un composé complexe d'au moins cinq constituants nouveaux. Qui pourrait affirmer que chacun de ces constituants nouveaux attaqués d'une manière différente, ou soumis à un réactif puissant et plus délicat que l'état radiant, ne se subdiviserait pas encore en d'autres éléments? Où donc alors se trouve l'élément ultime? A mesure que nous avançons, il recule, comme,

.3

dans le désert, le mirage trompeur d'un lac ou d'une oasis aux yeux du voyageur fatigué et altéré. Devons-nous être ainsi illusionnés et trompés dans notre recherche de la vérité? Quoiqu'il en soit, la notion d'élément comme entité absolument primaire et ultime devient de moins en moins distincte.

Mais nous n'avons pas fini avec les terres rares et leurs enseignements. Comment se fait-il que que l'on rencontre ces terres associées dans des minéraux très rares, comme la samarskite et la gadolinite, et seulement dans un petit nombre de localités? Il est difficile de se rendre compte de ce fait par les théories ordinaires de la genèse des éléments.

Pour le moment, j'en arrive à conclure provisoirement que nos prétendus éléments ou corps simples ne sont, en réalité, que des molécules composées. Je dois, pour formuler une conception de leur genèse, vous prier de vouloir bien vous reporter à l'époque où l'univers visible était « sans forme et vide » et suivre le developpement de la matière depuis un antécédent quelconque jusqu'aux états actuels. Nous proposons de donner à ce qui existait antérieurement à nos éléments, avant la matière telle que nous la connaissons, le nom de *protyle* (¹).

(¹) Il nous faudrait un mot analogue au mot « protoplasma » pour exprimer l'idée de la matière primitive originelle anté-

Comment pouvons-nous imaginer le protyle ou brouillard de feu amené à l'état atomique? Nous reconnaissons dans la matière amorphe une tendance à l'agrégation qu'il ne faut pas confondre avec la gravitation, car elle est manifeste dans la matière finement divisée, et suspendue dans un milieu d'une densité spécifique supérieure, égale ou inférieure à la sienne. Cette action agglutinative

----

rieure à l'évolution des éléments chimiques. Le nom que je me suis hasardé à proposer est composé de πρό (*antérieur*) et de ὕλη (la *substance* dont les choses sont faites). Ce mot n'est à peine qu'une forme nouvelle, car on lit dans le *Livre de la Sagesse* de Salomon (XI, V. 17) : « La main du Tout-Puissant qui a créé le monde — ἐξ ἀμόρφου ὕλης — de la substance amorphe. » C'est le mot que je traduis ici par *substances* — ὕλης — qui m'a inspiré le nom de *protyle*. Il y a six cents ans, Roger Bacon écrivait, dans son traité *De arte Chymiæ* : « Les éléments sont tirés de l'ὕλη, et chaque élément se convertit dans la nature d'un autre élément. » Le professeur Huxley me rappelle que le mot ὕλη, dans le sens général de substance matérielle, a été employé pour la première fois par Aristote, dans les œuvres de qui on le rencontre fréquemment. En fait, il établit, dans sa philosophie physique, une distinction fondamentale entre ὕλη, ou la *matière*, et εἶδος, ou la *forme*, qui répond presque entièrement à ce que nous appelons la somme totale des propriétés, des qualités et des tendances d'une chose — ou des forces qui en sont les causes. — Dans sa Métaphysique et ailleurs, Aristote distingue (1) πρώτη ὕλη, *materia prima*, ou la matière indifférentiée en éléments, sans forme, en fait, et conséquemment ἄγνωστος, inconnue et, inconnaissable, et (2) ἐσχάτη ὕλη, la matière secondaire ou formée, comme la terre, un métal, ou l'eau, ou tout autre des matériaux bruts qui nous sont familiers dans les temps actuels.

est familière aux observateurs des phénomènes naturels. Les nuages qui se contractent sous la forme d'un ciel moutonné, les parcelles de charbon qui flottent dans l'air s'assemblent et tombent finalement en suie, les précipités chimiques primitivement amorphes qui deviennent graduellement floconneux, granulaires, puis cristallins, les anneaux des tourbillons qui sortent tout à coup d'une fumée amorphe ; tous ces phénomènes et bien d'autres fournissent des exemples de ce principe de formation universel dans la nature, qui, d'après moi, se manifesta pour la première fois dans la condensation du protyle en une matière atomique.

Il y a quelques semaines, dans cette salle, Sir William Thomson nous demandait de refaire avec lui une excursion de 20 millions d'années environ. Il nous décrivait l'époque qui précéda immédiatement la naissance de notre Soleil, où les atomes de Lucrèce, précipités de tous les points de l'espace avec les vitesses dues à leur gravitation mutuelle, s'aggloméraient ensemble et formaient en quelques heures une masse fluide incandescente, le noyau de notre système solaire, avec 30 millions d'années d'existence assurée. Je vous demanderai de remonter avec moi jusqu'à une période plus reculée encore, jusqu'à l'origine des temps, avant même que les atomes chimiques fussent sortis de la consolidation du *protyle* originel. Imaginons, qu'à cette époque primitive, tout était à l'état ultra-gazeux, différant de tout ce que nous pouvons concevoir dans l'univers visible.

Nous aurons alors affaire à un phénomène analogue à un refroidissement, à moins d'admettre que les expressions « brouillard de feu » et que l'hypothèse de la très haute température de la matière primitive n'ont aucun fondement (¹). Cette opération, probablement interne, réduit la température du *protyle* cosmique au point où se produit le premier degré de granulation; la matière que nous connaissons prend naissance, et les atomes sont formés. L'atome, dès qu'il est formé du protyle, devient une source d'énergie cinétique par ses mouvements internes, et potentielle par sa tendance à s'agglomérer avec d'autres atomes par gravitation ou chimiquement. Pour obtenir cette énergie, le *protyle* environnant doit être mis à contribution, c'est-à-dire refroidi, en accélérant en conséquence la formation subsé-

---

(¹) Je suis obligé d'employer des mots exprimant une température excessive; mais j'avoue que je suis incapable d'associer avec le *protyle* l'idée de chaud ou de froid. *Température, rayonnement* et *libre refroidissement :* tout cela se ᴜble exiger les mouvements périodiques qui se manifestent dans les atomes chimiques, et l'introduction des centres de mouvements périodiques dans le protyle le supposerait transformé d'autant en atomes chimiques. Il est probable que l'action première présenta plus d'analogie avec la formation des anneaux des tourbillons de fumée qu'avec un abaissement de *température.*

quente d'autres atomes. Avec la naissance de la matière gravitante s'agglomérant tout à coup de tous les points de l'espace, nous retrouvons la masse incandescente de sir William Thomson qui se refroidit actuellement sous la forme d'un système solaire. Nous ne savons pas si l'électricité existait avant l'origine de l'état atomique de la matière; mais, en même temps que la formation de la matière atomique, les autres formes de l'énergie, qui ne peuvent se manifester sans la matière, commencèrent à agir, entre autres cette forme de l'énergie dont l'un des facteurs est ce que nous appelons le poids atomique.

Nous avons maintenant à chercher comment le protyle s'est converti non seulement en une espèce de matière mais en plusieurs. Si nous reconnaissons que le protyle renfermait en lui-même la potentialité de tous les poids atomiques, comment ces potentialités sont-elles devenues actuelles? Rappelons ici l'hypothèse du Dr E. J. Mills, d'après laquelle nos éléments sont le résultat de polymérisations successives pendant le refroidissement. Nous pouvons aussi tirer un grand parti d'une illustration de la loi périodique proposée par mon ami le Professeur Emerson Reynolds, de l'Université de Dublin.

Je dois appeler votre attention sur ce diagramme (*fig.* 5) dans lequel j'ai légèrement modifié le tracé primitif du Professeur Reynolds. J'ai représenté l'oscillation pendulaire comme décroissant graduellement selon une loi mathématique. J'ai, de plus, interposé entre le cérium et le plomb une autre demi-oscillation du pendule, ce qui rend les oscillations du pendule plus symétriques et amène l'or, le mercure, le thallium, le plomb et le bismuth du côté où ils se trouvent complètement en harmonie avec les membres du premier groupe.

Les éléments chimiques sont rangés d'après leurs poids atomiques sur l'axe vertical central, divisé en parties égales.

En suivant la courbe depuis l'hydrogène, en descendant, on voit que les éléments qui forment le huitième groupe du système de Mendeleeff ([1]) sont situés près de trois des dix points nodaux. Ce huitième groupe est divisé en trois séries ternaires — le fer, le nickel et le cobalt — le rhodium, le ruthénium et le palladium — l'iridium, l'osmium et le platine.

Ces corps sont interpériodiques parce que leurs poids atomiques les excluent des petites périodes dans lesquelles tombent les autres éléments, et leurs relations chimiques avec quelques membres des groupes voisins montrent qu'ils sont probablement interpériodiques à cause de leur état de transition.

Remarquons l'exactitude avec laquelle les séries

([1]) *Ann. Chim. Pharm.*, supp. 1870-72, p. 151. *Voir* aussi TH. CARNELLEY, *The periodic Law* (*Phil. Magazine*, juillet 1884.)

Fig. 5.

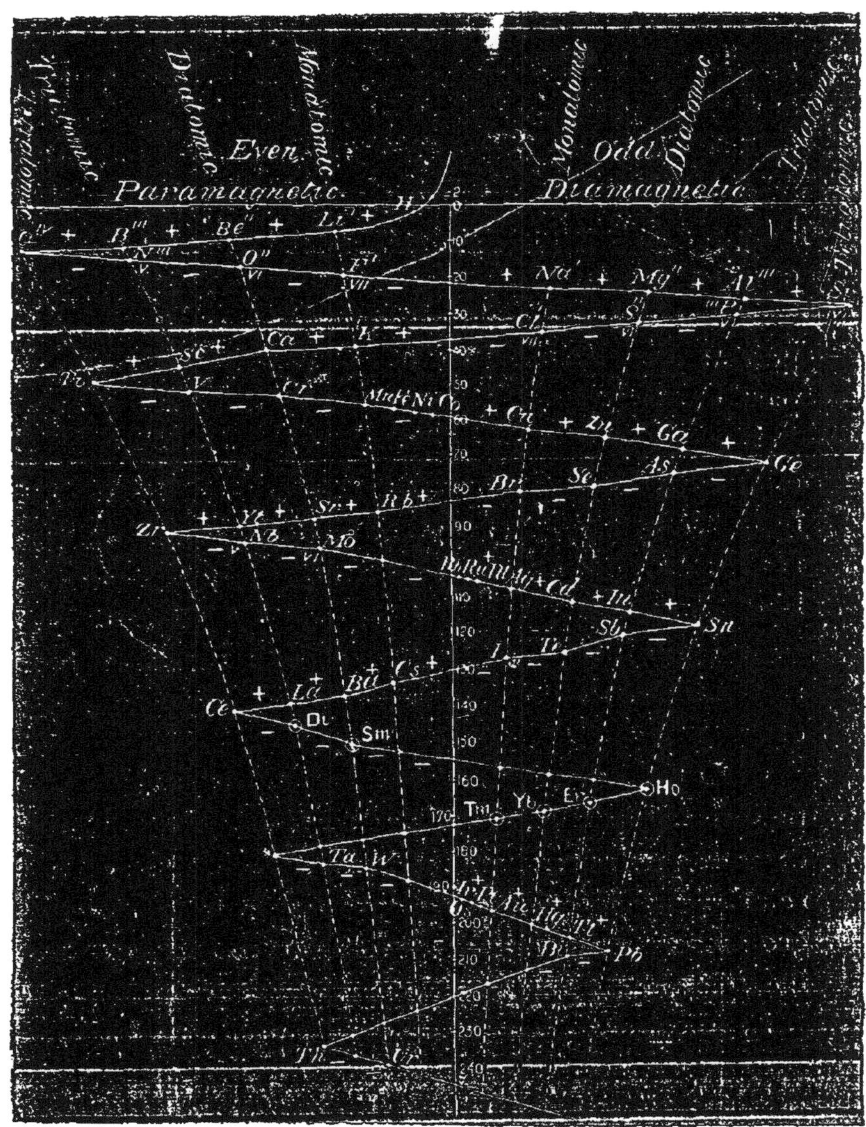

(*Even*, pairs. — *Odd*, impairs.)

des corps semblables se classent dans ce système. Suivons, à partir du sommet du diagramme, les positions analogues dans chaque oscillation, en considérant les phases électro-positives ou électronégatives, d'après le tableau ci-contre :

TABLEAU II.

Série verticale des éléments

PAIRS

IV	III	III	II	II	I	I
		V		VI		VII
C	B	N	Be	O	Li	F
Ti	Se	V	Ca	Cr	K	Mn
Zn	Yt	Nb	Sr	Mo	Rb	—
Ce	La	—	Ba	Sm	Cs	——
——		——			——	——

IMPAIRS

I	I	II	II	III	III	IV
VII		VI		V		
Cl	Na	S	Mg	P	Al	Si
Br	Cu	Se	Zn	As	Ga	Ge
I	Ag	Te	Cd	Sb	In	Sn
—	—	—	—	—	—	—
—	Au		Hg	Bi	Tl	Pb

Voyez aussi avec quel ordre les métaux découverts par l'analyse spectrale, — le gallium, l'indium et le thallium ; le rubidium et le cœsium, — trouvent leur place dans cette classification.

La symétrie de presque toutes ces séries démontre immédiatement que nous sommes dans la bonne voie. On peut aussi beaucoup apprendre des anomalies qui se manifestent ici. Un petit nombre de corps, tels que le didyme, l'erbium, le thallium et l'ytterbium ne trouvent pas à se caser, et il faut déterminer de nouveau leurs poids atomiques.

Plus j'étudie l'arrangement de cette courbe en zigzag, plus je suis convaincu que celui qui en comprendrait entièrement la signification possèderait la clef de l'un des plus profonds mystères de la création. Comme le dit M. Browning dans ses *Pensées* : « C'est le propre de l'homme que d'ex-» plorer dans tous les sens, pouce par pouce, avec » le flambeau de sa raison. » Frappons donc à la porte de l'inconnu et cherchons de toutes nos forces à entrevoir quelques-uns des secrets si obscurément cachés.

Retournons par l'imagination aux âges prégéologiques, avant que le Soleil même se fût formé par l'agrégation du protyle primitif. Nous pouvons poser deux postulats très raisonnables : admettre l'existence préalable d'une forme d'énergie à cycles périodiques de flux et de reflux, de calme et d'activité, et la présence d'une action interne analogue à un refroidissement, opérant avec lenteur dans le protyle. Le premier né des éléments se rappro-

chera beaucoup du protyle par sa simplicité ; c'est
l'hydrogène, de beaucoup le plus simple dans sa
structure de tous les corps connus, et celui dont le
poids atomique est le plus bas. L'hydrogène sera
pendant quelque temps la seule forme de matière,
dans le sens que nous attribuons à ce mot. Entre
l'hydrogène et la formation de l'élément suivant,
il s'écoulera un intervalle de temps pendant lequel
cet élément prendra graduellement sa forme ; nous
pouvons imaginer que l'évolution qui prépare,
pendant cet intervalle, la naissance d'un nouvel
élément fixe aussi son poids atomique, ses affinités
et sa position chimique.

Dans cette genèse des éléments, plus est longue
la durée du procédé de refroidissement pendant
lequel le protyle se concentre en atomes, plus les éléments qui en résultent sont nettement définis,
tandis que, plus le refroidissement sera rapide et
irrégulier, plus les corps résultants se fondront les
uns dans les autres par d'imperceptibles degrés.
Nous pouvons ainsi concevoir que la succession
des événements qui donna naissance aux groupes
tels que ceux du platine, de l'osmium et de l'iridium, — du palladium, du ruthénium et du rhodium — du fer, du nickel et du cobalt, — aurait pu
ne produire qu'un seul élément dans chacun de ces
trois groupes, si leur procédé de refroidissement
s'était prolongé davantage ; et, réciproquement,
si le refroidissement avait été beaucoup plus ra-

pide, on aurait vu naître des éléments encore plus identiques les uns avec les autres que le nickel et le cobalt. C'est ainsi qu'ont pu se produire les éléments si intimement liés du cérium, de l'yttrium et des groupes similaires. En fait, nous pouvons considérer la collection des minéraux de la classe de la samarskite et de la gadolinite comme un magasin cosmique où l'on aurait rassemblé les éléments arrêtés dans leur développement, les anneaux manquant d'un darwinisme inorganique.

On peut assimiler chaque élément bien établi à une plate-forme stable soutenue par des échafaudages de corps instables. Les atomes les plus petits se seraient formés par la première coalescence de la matière primitive, puis ils s'unirent pour composer des groupes plus étendus ; les vides entre les différents étages de l'édifice se seraient comblés peu à peu, l'élément approprié à chacun de ses étages absorbant, pour ainsi dire, les rudiments instables de son échafaudage. On peut se demander s'il existe une uniformité absolue dans la masse de chacun des atomes derniers, même de ceux d'un seul et même élément chimique. Nos poids atomiques représentent probablement une valeur moyenne autour de laquelle les poids atomiques réels oscillent entre d'étroites limites. Lors donc que nous disons que le poids atomique du calcium, par exemple, est de 40, il se pourrait que, tandis que la majorité des atomes du calcium ont réellement ce poids atomique de 4o, quelques-uns d'entre eux soient représentés par 39.9 ou 4o.1, et un plus petit nombre par 39.8 ou 4o.2, et ainsi de suite. Les propriétés que nous percevons dans un élément ne sont ainsi que la moyenne de celles d'un certain nombre d'atomes ne différant entre eux que de très peu, mais non identiques (¹). Est-ce là la véritable signification des « vieilles particules usées » de Newton? (*Old worn particles*).

On admettra, je pense, que cette spéculation, si hasardée qu'elle puisse paraître, est, sous certains rapports, appuyée par les résultats expérimentaux que nous venons d'exposer. Il me semble que l'hypothèse que je viens de suggérer, rapprochée du diagramme de la *fig.* 5, nous permet de poursuivre de quelques pas encore l'évolution des éléments. Il est possible de voir, dans la courbe ondulée, l'action de deux formes d'énergie, l'une s'exerçant verticalement, et l'autre oscillant comme un pendule.

Portons sur l'axe vertical les températures

(¹) Je me hasarde à suggérer que les atomes légers ou lourds issus du protyle pourraient bien avoir été triés par un procédé quelque peu analogue à celui du fractionnement déjà décrit. Ce triage aurait été effectué principalement pendant que la matière atomique se condensait de l'état primitif; mais il aurait aussi pu se produire pendant les âges géologiques, par voie humide, au moyen de dissolutions et de précipitations successives des diverses terres.

comptées à partir du point de dissociation du premier né des éléments jusqu'au point de dissociation du dernier degré de l'échelle, et cherchons quelle est la forme de l'énergie représentée par la courbe oscillante.

Nous la voyons osciller entre des points équidistants d'un centre neutre; et ces divergences de part et d'autre de l'axe neutre confèrent des atomicités du deuxième, du troisième ou du quatrième degré, suivant que la distance de l'axe augmente de deux, trois ou quatre divisions. Nous voyons l'approche ou l'éloignement de cette même ligne neutre décider du caractère électro-négatif ou électro-positif de chaque élément, suivant qu'il se trouve ou non du côté de la demi-oscillation rétrograde. En résumé, nous sommes conduits à penser que la puissance oscillatoire doit être en relation intime avec la matière impondérable, l'essence ou la source d'énergie que nous appelons l'électricité.

Revenons maintenant à la période immédiatement antérieure à la naissance du premier élément. Avant cette époque, la matière telle que nous la connaissons n'existait pas. Mais nous ne pouvons pas plus concevoir l'énergie sans la matière que la matière sans l'énergie; en réalité, à un certain point de vue, ces deux termes sont convertibles. Supposons donc que, simultanément avec la création des atomes, tous les attributs qui nous permettent de

distinguer une forme de matière d'une autre se
manifestent comme doués d'énergie.

Notre pendule commence son oscillation à partir
du côté électro-positif; le lithium, proche de l'hydrogène par la simplicité de son poids atomique, se
forme d'abord, suivi du glucinium, du bore et du
carbone. Chaque élément emprunte, au moment de
sa naissance, une quantité définie d'électricité d'où
dépend son atomicité ([1]). C'est ainsi que se fixent
les types d'éléments monoatomiques, diatomiques,
triatomiques et tétratomiques.

Le Dr Carnelley a fait remarquer que « les élé-
» ments appartenant aux séries paires de la classi-
» fication périodique sont toujours paramagnéti-
» ques, tandis que les éléments des séries impaires
» sont toujours diamagnétiques. » Or, sur notre

([1]) « La nature nous fournit une quantité invariable et définie
» d'électricité... Pour chaque liaison chimique rompue dans un
» électrolyte, une quantité d'électricité définie traverse l'électro-
» lyte, la même dans tous les cas. » G. JOHNSTONE STONEY, *On the
Physical Units of Nature.* (*British Association. Meeting de*
1874, sect. A. *Phil. Mag.*, mai 1881.)

« La même quantité d'électricité, positive ou négative, se
» déplace toujours avec chaque équivalent d'ion, ou avec chaque
» unité d'affinité d'un ion multivalent. » HELMHOLTZ, *Faraday
Lecture*, 1881.)

« Chaque monade atome possède, associée avec elle, une
» quantité définie d'électricité : chaque dyade a deux fois cette
» quantité d'électricité, chaque triade trois fois. et ainsi de
» suite. » O. LODGE, *On Electrolysis.* (*British Association
Report* 1885.)

courbe, les séries à gauche sont paramagnétiques, et les séries à droite diamagnétiques, à peu d'exceptions près. Le groupe fortement magnétique — fer, manganèse, nickel et cobalt — se trouve très resserré du côté gauche; mais les groupes interpériodiques, dont le palladium et le platine sont des exemples, sont considérés comme faiblement magnétiques. Si l'on pouvait le démontrer, ils constitueraient des exemples inexpliqués. L'oxygène, qui, à poids égal, est plus magnétique que le fer même, se trouve près de l'origine de la courbe, tandis que les métaux puissamment diamagnétiques, le bismuth et le thallium, se rangent à l'extrémité opposée.

Du côté négatif des oscillations, l'azote apparaît et démontre combien la position influence l'atomicité moyenne dominante; l'azote occupe une position immédiatement au-dessus du bore, élément triatomique, de sorte que l'azote est aussi triatomique; mais il précède aussi immédiatement le carbone, élément tétratomique, et occupe le cinquième rang à partir de l'oxygène. Or, ces tendances en apparence opposées s'harmonisent magnifiquement par la double atomicité de l'azote, dont l'atome est susceptible d'agir comme un élément triatomique ou pentatomique. Avec l'oxygène (di et hexatomique) et le fluor (mono et heptatomique) les mêmes lois se maintiennent, et complètent une demi-oscillation du pendule. Si nous repassons de nouveau l'axe neutre, on rencontre successivement les corps électro-positifs sodium (monoatomique), magnésium (diatomique), aluminium (triatomique) et silicium (tétratomique).

Nous signalerons ici une curieuse coïncidence : à l'origine de cette partie de la courbe, se trouve le carbone, l'élément le plus répandu du monde organique ; à l'extrémité opposée, on rencontre le silicium, l'élément le plus répandu dans le règne inorganique ; puis, successivement, à mesure qu'on se rapproche de l'axe neutre, le carbone est immédiatement suivi de l'azote, de l'oxygène et du fluor, qui font tous partie des composés organiques et sont tous gazeux à l'état libre. Du côté du silicium, nous rencontrons l'aluminium, le magnésium et le sodium, tous plus ou moins volatils et très importants dans le règne minéral.

La première oscillation complète du pendule est accomplie par la naissance des trois éléments électro-négatifs : le phosphore, le soufre et le chlore, ayant tous trois, comme les éléments correspondants de l'oscillation opposée, une double atomicité dépendant de leur position.

Arrêtons-nous maintenant pour examiner les résultats de nos recherches. Nous avons formé les éléments de l'eau, de l'air, de l'ammoniaque, de l'acide carbonique, de la vie animale et de la vie végétale. Nous avons du phosphore pour le cerveau, du sel pour la mer, de l'argile et du sable pour le sol, deux alcalis, une terre alcaline, un sol avec ses carbonates, borates, nitrates, fluorures, chlorures, sulfates, phosphates et silicates suffisants pour la vie végétale et animale, et pour un monde peu différent de celui où nous vivons.

Suivons de nouveau notre pendule. Après la formation du chlore, il touche la ligne neutre et revient à sa position primitive. Si tout était resté comme à l'origine, le premier élément à venir serait de nouveau le lithium, et le cycle primitif se répéterait éternellement, engendrant toujours et toujours les quinze mêmes éléments. Mais les conditions ne sont plus les mêmes : le temps s'est écoulé, et la forme d'énergie représentée par l'axe vertical s'est dégradée ; en d'autres termes, la température a baissé, et le premier élément à venir lorsque le pendule part pour sa seconde oscillation n'est pas le lithium, mais le métal allié le plus voisin dans sa série, le potassium, que l'on peut considérer comme le descendant en ligne directe du lithium, avec les mêmes tendances héréditaires, mais avec une moindre mobilité moléculaire et un poids atomique plus élevé.

Suivons la courbe jusqu'au bout, nous retrouverons presque partout la même loi. Le dernier élément de la première vibration complète est le chlore : nous ne trouvons pas au point correspondant de la seconde vibration une répétition exacte du chlore, mais un corps très similaire, le brome, et, quand la même position se représente pour la troisième fois, l'iode. Il n'est pas besoin de multiplier les exemples. Je ferai néanmoins remarquer que nous sommes ici en présence d'un phénomène qui nous rappelle la génération périodique ou cyclique du monde organique, ou, nous pouvons presque le dire, d'un phénomène d'atavisme ou de récurrence vers les types primitifs quelque peu modifiés.

On ne peut s'attendre à trouver, dans cette évolution, les éléments potentiels tous égaux les uns aux autres ; au contraire, on y rencontrera beaucoup de degrés de stabilité, et, en y regardant de très près, nous trouverons l'anneau qui nous manquait assez nettement accusé dans les groupes du fer, du nickel et du cobalt — du palladium, du ruthénium et du rhodium — de l'iridium, de l'osmium et du platine, tandis qu'il se manifeste sous une forme plus subtile par les différences que j'ai supposées entre les atomes d'un même élément chimique.

Du côté pair ou paramagnétique des oscillations, l'énergie paraît s'être manifestée d'une façon très irrégulière, tandis que, du côté impair ou diamagnétique, son action est très régulière. Ainsi, entre chacun des éléments impairs extrêmes (silicium 28), germanium (73), étain (118), un élément absent (163) et le plomb (208), il y a un écart constant d'exactement 45 unités qui rend cette moitié de courbe extrêmement symétrique ; du côté pair, au contraire, les différences sont inégales : 36, 42,

5ı, 39 et 53, en intercalant un élément absent entre le cérium et le thorium. A première vue, ces écarts ne paraissent suivre aucune loi, mais ils nous intéressent de nouveau, si l'on remarque que leur valeur moyenne 44,2 est presque la même que celle de l'écart du côté impair de la courbe.

Nous pouvons déduire de cette uniformité des écarts — réelle d'un côté de la courbe et moyenne de l'autre — que, tandis qu'il ne s'est manifesté, du côté impair de la courbe, que des variations très faibles ou nulles de la force symbolisée par l'axe vertical, ces petites variations ont, au contraire, été de règle du côté pair. En d'autres termes, la chute de température a été très uniforme du côté impair — où nous voyons chacun des éléments primitifs représenté par un groupe bien défini (sodium, magnésium, aluminium, silicium, phosphore et chlore) — tandis que, du côté pair, la température ne s'est abaissée qu'avec des fluctuations considérables, qui empêchèrent la formation de groupes d'éléments nettement définis, à l'exception de ceux du lithium et du glucinium.

Après avoir ainsi constaté des irrégularités dans l'abaissement de la température du protyle, nous pouvons nous demander s'il existe des fluctuations dans la force représentée par le mouvement pendulaire. J'ai supposé ce mouvement en rapport avec l'énergie électrique. Les éléments formés les premiers sont ceux où l'énergie chimique est la plus grande ; à mesure que nous descendons, les affinités faiblissent et l'action chimique se dégrade. Ce changement peut être attribué en partie à ce que les éléments engendrés à une température réduite ne possèdent pas une grande mobilité moléculaire ; mais il est aussi extrêmement probable que l'énergie de forme chimique se dissipe comme la chaleur cosmique ; c'est cette dégradation graduelle que j'ai essayé de figurer par une diminution de l'amplitude des oscillations du pendule.

On peut considérer les nombres portés sur l'échelle des poids atomiques comme représentant, en sens inverse, l'échelle d'un gigantesque pyromètre plongé dans un creuset où sont en voie de formation les éléments des soleils et des mondes. A mesure que la chaleur s'abaisse, la densité et les poids atomiques des éléments engendrés augmentent. Au-dessous du point de formation de l'uranium, la température sera probablement assez basse pour permettre aux éléments derniers venus de se combiner, et nous assisterons à la formation de l'eau et des composés que nous pouvons dissocier par les sources de chaleur dont nous disposons.

Si nous examinons, d'autre part, le haut du diagramme, nous voyons qu'il y a peu de place pour des éléments d'un poids atomique inférieur à celui de l'hydrogène ; mais franchissons la ligne du zéro : que trouverons-nous au-delà ? Le Dr Carnelley suppose un élément de poids atomique négatif, ce qui ouvre la porte à une série d'immatérialités analogues à celles de cet « Univers invisible » discuté par deux physiciens éminents (¹). Helmoltz a dit que l'électricité est probablement aussi atomique que la matière (²). L'électricité est-elle l'un des éléments négatifs, et l'éther lumineux un autre? La matière telle que nous la connaissons n'existe plus ici, et les formes de l'énergie qui apparaissent dans les mouvements de la matière ne sont encore que des possibilités latentes.

Une genèse des éléments telle que nous venons de l'esquisser ne resterait pas limitée à notre petit système solaire, mais décrirait probablement le même cycle d'événements autour de chacun des centres d'énergie actuellement visibles sous forme d'étoiles.

On pourrait peut-être m'objecter que, jusqu'ici, je n'ai rien démontré rigoureusement, mais je ferai remarquer que j'ai, tout au moins, démontré l'improbabilité de la persistance du caractère premier des éléments, de leur existence éternelle par elle-même, de leur origine fortuite et de leur création

---

(¹) BALFOURD STEWARD et TAIT, *The Unseen Universe;* 1883, Paris, G. Baillière.

(²) « Si nous acceptons l'hypothèse que les substances élé-
» mentaires sont composées d'atomes, nous ne pouvons éviter
» de conclure que l'électricité aussi, positive ou négative, est
» divisée en parties élémentaires qui se comportent comme des
» atomes d'électricité. » HELMOLTZ, *Faraday Lecture*, 1881.)

simultanée. L'analogie de ces éléments avec les radicaux organiques et, encore plus, avec les organismes vivants nous force à penser qu'ils sont des corps composés issus d'un procédé d'évolution. Nous en avons tiré des preuves concordantes de la distribution et de l'association des terres rares, preuves qui paraissent converger au point d'assumer le caractère d'une démonstration directe. Guidé par la grande loi de la continuité, je me suis hasardé à suggérer un mode par lequel nos éléments ont pu être engendrés ; je ne dis pas *ont été* engendrés, car personne ne sait mieux que moi combien il reste à faire avant que l'on puisse résoudre cette grande, cette fondamentale question. Je souhaite vivement que d'autres entreprennent cette tâche, et que la Chimie, comme la Biologie, trouve enfin son Darwin.

Si nous considérons la position que nous occupons par rapport aux questions essentielles de la Chimie, nous pouvons comparer nos recherches à une partie d'échecs. L'homme, le chercheur, joue non pas avec Satan pour son âme, mais avec la Nature, pour la connaître et la dominer. Chaque élément a sa marche tracée sur le grand échiquier de l'univers : quelques-uns ne dépendent que d'eux-mêmes, les autres de l'intervention des éléments adjacents. Les uns peuvent être comparés aux rois, les autres aux cavaliers, aux fous et aux tours. La partie est terriblement inégale. Notre adversaire connaît la valeur et la marche de toutes les pièces, toutes les lois du jeu, tous les mouvements possibles, et profite sans pitié de toutes nos erreurs. Nous ne savons rien que ce que nous ont appris un nombre incalculable de parties perdues. Mais nos connaissances augmentent chaque jour. La lutte devient plus obstinée, plus âpre, nous essayons de nouvelles combinaisons, et, bien qu'encore battus à la fin, nous enlevons néanmoins quelques pions, peut-être une pièce ou deux. Nous avons remporté de ces succès partiels quand Lavoisier introduisit l'usage de la balance et développa la théorie de la combustion, quand Dalton exposa la théorie atomique, quand Davy décomposa les alcalis, quand Wöhler effectua la synthèse de l'urée et quand Faraday liquéfia pour la première fois un gaz permanent. J'imagine, qu'en de pareilles occasions et dans quelques autres semblables, notre adversaire demande à réfléchir.

Mais supposons que nous gagnions un jour la partie, que nous découvrions ce que sont réellement ces éléments si obstinément réfractaires, que nous connaissions leur origine, que nous sachions si leur nombre, leurs propriétés et leurs relations réciproques sont bien à notre connaissance tels que nous les voyons? Nous connaîtrions alors *a priori* ce que nous devons aujourd'hui chercher par l'expérience; nous pourrions prévoir les résultats de toutes les réactions, et nos théories se légitimeraient par la puissance de la prédiction. La conquête de cette connaissance me paraît devoir être la grande tâche de la Chimie future.

Si vous pensez que j'ai trop librement lâché les rênes à « l'imagination scientifique », j'espère que vous me le pardonnerez comme à un homme qui, du moins, ne désespère pas de l'avenir de notre Science.

FIN.

Paris. — Imp. Gauthier-Villars, 55, quai des Grands-Augustins.

Original en couleur

NF Z 43-120-8

www.ingramcontent.com/pod-product-compliance
Ingram Content Group UK Ltd.
Pitfield, Milton Keynes, MK11 3LW, UK
UKHW020949120726
13693UKWH00004B/1622